秀惠老师°不藏私的 先染°拼布好时光

周秀惠 著

河南科学技术出版社
·郑州·

将精彩生活融入拼布世界
执着与狂热，造就拼布的成就

开朗的个性、细腻的心思，是我对秀惠的第一印象。从她初次学习至今，一直有着对于拼布创作的灵敏与巧思，不仅仅是在对生活事物的观感与领悟上，她更能将其中的美好情感融入拼布创作的表现中，真的是难能可贵！

秀惠一向是出版界的宠儿，所推出的书籍深受读者的喜爱，那源源不绝的创意作品，不论是小品还是大包，不论是简单的还是较有难度的包款，从情境图里的每件作品中都不难感受到她所想传达的丰富情感。各位应该可以从作品中看到秀惠老师精彩快乐生活的影子，还有对于拼布创作的努力与用心，在每件作品背后那份构想的原创意念是这么一针一线地深刻展现在作品上。包包的型款、技巧及配色，都是她扎实拼布技艺及幸福生活的呈现，而其中的创作动力，想必除了她的先生及家人支持外，读者们也是她最大的支持者！

秀惠致力于不断超越及挑战自己，曾参加喜佳所举办的各种缝纫拼布竞赛活动，是喜佳的常胜军，更屡次参加日本拼布大展，得到许多殊荣及肯定。如同她自己所说的："拼布之路像是在探险，过程中是享受的，完成时是感动的！"秀惠和喜佳一样扮演着耕耘启发的角色，希望和大家共同努力创下亮眼的拼布成果，让台湾拼布能在海内外扬名将是她个人追求的目标与境界！

我，推荐这一本好书，除了丰富的内涵与技巧外，也希望读者能从中学习她的智慧与巧思，将更深刻感受到她对于生活的态度与拼布的热情。祝福大家都能快乐幸福地学习，创造出属于自己的拼布世界！

台湾喜佳股份有限公司　董事长

Contents

CHAPTER 1
品味优雅布作时光

CHAPTER 3

恋上先染拼布好时光

◆原大纸型

CHAPTER 2

不藏私的缝纫基础

CHAPTER 1

品味 优雅 布 作时光

爱先染、爱拼布、爱刺绣，

就让这些最爱，透过细密的针脚

在布料上，

穿引出一段段美好的布作时光。

横式方格提袋

以淡雅色调的布片拼接底布，
和谐地衬托贴布图案的美丽，
为呈现较粗的枝干效果，
特别以绣线来回重复绣制，
呈现更加生动的感觉。

» 原大纸型　A面

01

Page 70

02

Page 72

乡村大提袋

简单的袋形，最适合呈现随性的贴布图案了！
难忘旅途中的风光与 美好回忆，
就以手边小布片重现吧！

» 原大纸型　A 面

03 Page 74

乡村大零钱包

延续大提袋的图案设计，
将可爱的大树与童话小屋做成零钱包吧！

» 原大纸型　A 面

04

Page 75

夏之恋提袋

独创的小黄花串串垂下，

柔美的线条，让花朵看起来就像随风摇曳一般。

随心所欲是贴布绣最有趣的地方，

提把处细心的制作，使整体感进一步提升。

» 原大纸型　A 面

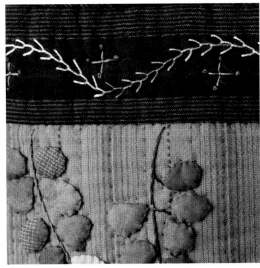

夏之恋零钱包

小黄花图案也很适合制作零钱包哟！
于袋口滚边处加上羽毛绣，
让优雅无所不在。

» 原大纸型　A 面

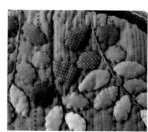

05

Page 77

06

Page 78

五彩缤纷提袋

喜欢刺绣的优雅质感，
圆弧形的袋口设计让袋身更贴合身形，
用起来更舒适。
提把以羽毛绣搭配结粒绣呈现，
是这款提袋的一大亮点哟！

» 原大纸型　A 面
» 提把制作示范　P 66

07

Page 80

五彩缤纷零钱包

小巧的零钱包，一手掌握刚刚好，
袋身的刺绣图案还有延续性呢！

» 原大纸型　A 面

清秀佳人提袋

以六角花园制作出画框一般的效果，
搭配自制的创意提把，
使整体效果更加完美。

» 原大纸型　A面
» 提把制作示范　P.67

08

Page 82

 Page 84

清秀佳人零钱包

以温暖的色调制作小巧的零钱包,
搭配与提袋呼应的贴布图案,
喜欢系列感的你一定不能错过。

» 原大纸型　B面

花漾提袋

六角花园还能有哪些变化呢？除了拼接作为口袋，
更特别的是提把的制作，厌倦了普通的肩背带，
你也可以挑战一下这样的创意做法。

» 原大纸型　B 面
» 提把制作示范　P.68

10　Page 86

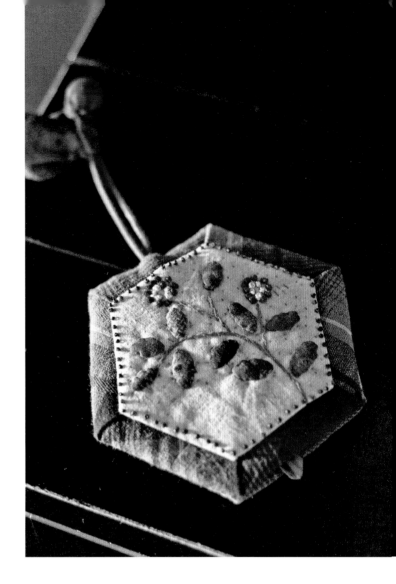

11
Page 88

花漾钥匙包

六角形的钥匙包很可爱吧！
加上可爱的小果实与叶片
更让人爱不释手。

» 原大纸型　B 面

12 Page 89

爱的物语侧背包

以片片爱心组成花朵与叶片，
特意选用色系相近、花色不同的布料，
更凸显了图案的层次感。

» 原大纸型　B 面

13

Page 91

爱的物语零钱包

身姿摇曳的花朵看起来十分可爱！
制作花朵或叶片贴布绣时，
不妨多运用刺绣的线条特性。

» 原大纸型　B面

蔷薇花口金包

取色彩缤纷的先染布做砖块状排列，
更加衬托出花朵的可爱，
侧身的尖角拼接是制作时需要注意的重点。

» 原大纸型　B 面

14

Page 92

蔷薇花口金零钱包

手掌般的尺寸,
恰巧可以塞入同款的大口金包中,
形成实用的袋中袋设计。

» 原大纸型　B 面

15
Page 93

16
Page 94

28

柠檬星水果篮

运用各种细致的刺绣技法，
再搭配优雅的先染布拼接，
就完成了这款美丽的提篮。
提把的小波浪设计也是巧思之一。

» 原大纸型　B 面、C 面
» 提把制作示范　P.66

17

Page 96

玲珑花瓶

六角花园变化无限，以足球为原型，

运用尺寸不同的六角形拼接，再搭配菱形组合，

竟可以完成像这样的球状花器。

每一面都用心制作了不同的花朵刺绣，

是可以360°欣赏的作品呢！

» 原大纸型　C面
» 六角形制作示范　P.58

玲珑桌垫

运用渐层式的配色，
由外围较深色的布片，
延伸至中心的米色压线，
周围使用深咖啡色系布片，
看起来就像滚边一样。

» 原大纸型　C 面

18

Page 97

19 Page 62

立体优雅布花

用布片与铁丝制作花瓣与叶片，随着布料花色的不同，
就能轻松呈现出花朵生动的样貌了，再搭配上玲珑花瓶摆设，
便是家中最优美的风景。

» 绣球花和叶片原大纸型　C 面
» 绣球花组合示范　P.62、P.63

柿柿如意

外形可爱的柿子最适合用蜡染布制作了，
塞入棉花的方式与底部拉线是关键哟！

» 原大纸型　A 面

20

Page 65

21

Page 98

典雅椭圆水果篮

椭圆形的袋底设计，
让水果篮的容量更大了！

» 原大纸型　C面

22

Page 100

典雅柠檬星餐桌垫

以经典的拼布图形——柠檬星点缀角落，
清新的色彩在布料上悄悄地晕出初秋气息。

» 原大纸型　C 面

23

Page 101

典雅面纸盒

磁扣式开口设计，
让使用更便利了！

» 原大纸型　C 面、D 面

轻巧猫头鹰提袋

可爱的猫头鹰，让人想随身携带，
不仅制作方法简单，
被称为"不苦劳"的猫头鹰，
还有着相当吉祥的含义呢！

» 原大纸型　C 面
» 猫头鹰制作示范　P.64

24

Page 102

40

轻巧猫头鹰铅笔盒

流线造型的铅笔盒，拿起来相当顺手，
同样有小小猫头鹰的陪伴，工作时一定更有劲！

» 原大纸型　C 面
» 猫头鹰制作示范　P.64

25 　Page 104

猫头鹰六角形提袋

以深浅不同的红色系先染布拼接袋身，
让画面韵律感更强烈，
左右贴布缝的枝丫自然地衬托出了可爱的猫头鹰。

» 原大纸型　D面
» 猫头鹰制作示范　P.64

26

Page 105

27

Page 107

猫头鹰零钱包

迷你猫头鹰只要变换布料，
就能呈现出完全不同的感觉，
优雅的、活泼的……
一起来做做看吧！

» 原大纸型　D 面
» 猫头鹰制作示范　P.64

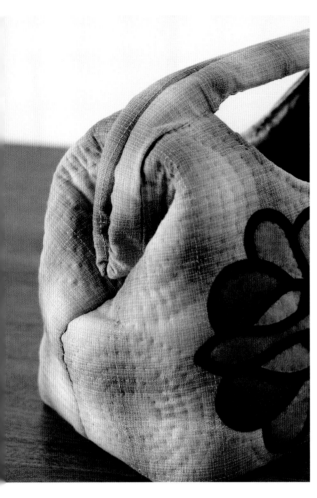

彩绘玻璃大口金包

色彩鲜艳的主图案，
用淡雅的先染布衬托再适合不过了！
大大的铝口金是相当受欢迎的素材，
与先染拼布搭配也相当合适。

» 原大纸型　D 面

28
Page 108

29

Page 110

彩绘玻璃中口金包

轻便的口金提包最适合短暂外出时使用了！
宽袋底的设计，使容量加倍。

» 原大纸型　D 面

46

Page 111

彩绘玻璃小口金包

有了大包与中型提包之后，
当然也要有最迷你的小口金包喽！
本系列的三款口金包一起使用，
就是最亮眼的袋中袋了！

» 原大纸型　D 面

六角花园羽毛绣口金包

用鲜艳的印花布制作中间的袋身，
美丽的六角花园也可以很时尚。

» 原大纸型　D 面
» 提把制作示范　P.68

31 Page 112

32

Page 114

六角花园羽毛绣小口金包

段染绣线是很适合用于制作羽毛绣的线，
看着色彩缓缓向上延伸的线条变化，
真是美极了！

» 原大纸型　D面

夏之恋口金包

很喜欢手挽口金的优雅，
搭配亮眼的自创花朵装饰袋身，
就能尽情地展现个人风格。

33

Page 115

» 原大纸型　D 面

34 ^{Page 117}

夏之恋手机袋

以粉色系的先染布拼接作为底布，
点缀贴布制作出的成串小花，可爱极了！
长形的袋身，作为收纳眼镜或手机的随身包，
都很实用呢！

» 原大纸型　D 面

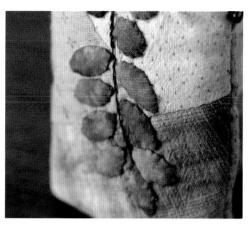

百花口金包

雅致的袋形与手挽口金搭配得刚刚好，
衬托出了贴布小花的清丽气质，
荷叶边设计使作品整体上更有女人味。

» 原大纸型　D面

35°

Page 118

36
Page 120

百花口金零钱包

圆滚滚的口金包最可爱了！
点缀上红色的贴布小花，
再与简易刺绣结合，
就能简单完成喽！

» 原大纸型　D 面

CHAPTER 2

不藏私的缝纫基础

收录了丰富的拼布人必学技巧，

大部分美丽布作都是由这样的基础开始的，

透过不同的延伸、组合、变化……

期许你也能有自己的专属风格。

基础缝纫工具

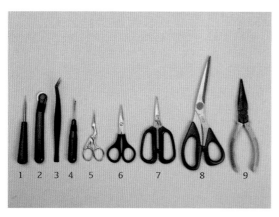

1. 尖锥 可辅助将布料的直角挑出，完成漂亮的角度。
2. 点线器 于布料的表面做压痕记号。
3. 夹子 可将布料由背面翻至正面。
4. 拆线器 能轻易拆除缝线。
5. 鹅剪 便于制作贴布缝，亦可用于裁剪小片布料。
6. 线剪 比布剪更小一些，方便修剪一般的线头。
7. 纸剪 制作拼布前，建议准备一把专门剪纸的剪刀。
8. 布剪 建议选择质量较好、重量较轻的布剪。
9. 尖嘴钳 用于裁断铁丝。

10. 提把 依作品的款式，可搭配不同造型的提把。
11. 造型扣 依作品款式，可装饰上不同的扣子。
12. 拉链 依作品的需求，可选择不同尺寸的拉链。

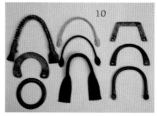

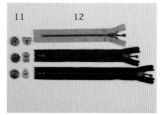

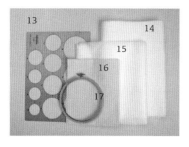

13. 圈圈板 便于画出各种尺寸的圆圈，是制作圆形压线不可或缺的好工具。
14. 铺棉 市售的铺棉可分为单面胶、双面胶、无胶的款式，可依作品需求选择。
15. 纸衬 便于描绘纸型与图形。
16. 坯布 进行三合一压线时，将表布＋铺棉＋坯布三层叠合使用，可使压线时白色棉絮不易被拉出。
17. 绣花框 方便进行各式图形刺绣。

18. 耐热珠针 可用于布料与布料间的固定，可用熨斗熨烫。
19. 娃娃针 长度较长，方便制作柿子底部的十字绣。
20. 刺绣针 比一般针款更粗，洞孔较大。
21. 12号针 适合缝合装饰珠。
22. 10号针（贴布缝针）比一般针款更细。
23. 8号针 用于布料与布料间的缝合，也可用来压线。

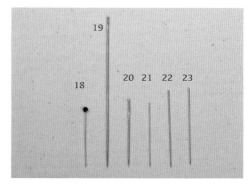

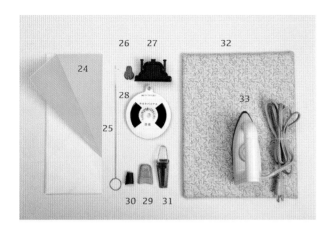

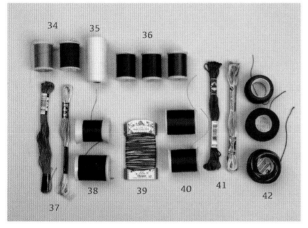

24.布用复写纸 方便将图形复印至布料表面。

25.返里针 可辅助将布条或提把轻松翻至正面。

26.穿线片 将缝线穿入针孔的辅助工具。

27.桌上型穿线器 方便将缝线穿入针孔中。

28.彩绘玻璃边条布 有4mm、6mm等尺寸可选择。

29.皮革指套 三合一压线时套于手指上，以避免受伤。

30.顶针指套 三合一压线时套于手指上，以避免受伤。

31.滚边器 辅助制作滚边条，常用的有12mm、18mm等尺寸。

32.三用板 一面为磨砂板，可防止布料滑动；另一面则可作为骨笔的刻画板；加上烫垫还可在面进行熨烫。

33.熨斗 可将布料整平。

34.缝合线 一般缝线，粗细适中。

35.疏缝线 可暂时固定布料位置，缝合后容易拆除。

36.贴布缝专用线 比一般缝线更细，适合做贴布缝。

37.25号绣线 最常使用的绣线，为六股线捻合而成。

38.皮革线 用来缝合提把。

39.绣线 依作品的不同选择不同的绣线，为六股线捻合而成。

40.梅花线（压缝线） 比一般缝线粗，韧性更好。

41.段染25号绣线 颜色柔和，颜色更丰富。

42.8号绣线 比一般绣线更粗，亮度更好。

43.定规尺 有15cm和30cm两种，能准确地测量长度，有颜色区分的部分可让刻度更明显。

44.卷尺 长度150cm，可补足一般直尺不够用的刻度。

45.铁笔 与布用复写纸搭配使用，可将图形复印至布料正面。

46.气消笔 方便于布料上制作印迹，数十分钟后便会消失。

47.水消笔 方便于布料上制作记号，喷水后即可消除，需特别注意，喷水后不可以急于用熨斗加热干燥，以免印迹难以消除。

48.蓝色粉土笔 依布料颜色，选用明显的粉土笔制作记号。

49.白色水消笔 适用于深色布料制作记号。

50.白色粉土笔 请依布料颜色，选用明显的款式制作记号。

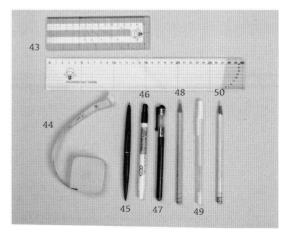

拼布人必学技法

贴布绣 —— 随性造型

1. 将图形描绘于纸衬上。

2. 将纸衬、复写纸与先染布依序叠放。

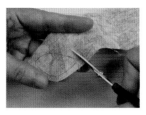

3. 依纸型裁剪叶片表布。（需外加缝份）

4. 四周疏缝一圈。

5. 放入叶片纸型的硬纸板，并抽线拉紧。

6. 以熨斗熨烫定型。

7. 取出硬纸板，将缝线拉紧打结。

8. 将完成的叶片缝于所需位置。依此做法，即可创作出丰富的图案！

贴布绣 —— 六角形

应用作品 17

1. 裁大小硬纸板各一片。

2. 依纸板尺寸裁出深色先染布与铺棉。

3. 依纸板尺寸裁剪出浅色布料，并将刺绣图案转印于浅色布料上。

4. 如上图所示依序叠放，熨烫两层厚布衬。

5. 进行刺绣。

6. 置入小硬纸板，将六个角折入并疏缝固定。

7. 整烫六个角。

8. 将深色先染布塞入大硬纸板后，疏缝固定六个角。

9. 将铺棉置入深色先染布内。

10. 将硬纸板抽出后，以珠针将浅色布料固定于深色布料上。

11. 以贴布缝缝法进行组合，即完成。

压线 —— 45° 压线

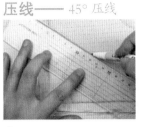

1. 以定规尺描绘记号线。以定规尺取 1~2cm 的间距。

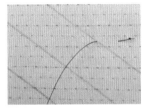

2. 由线段的中心点起针进行压线。

3. 压线的进行方向为由中央往左右两边。

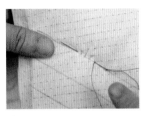

4. 针距为 0.2~0.3cm。

5. 依此做法完成所有压线。

压线 —— 圆形压线

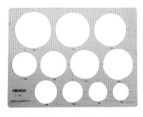

▲ 圆圈板是制作圆形压线的好帮手哟！

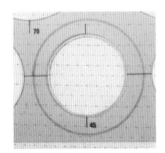

1. 以圆圈板描绘出所需尺寸的圆圈。制作方式为描绘大圈的尺寸后，再对齐描出较小尺寸的圆圈。

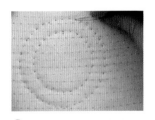

2. 沿着记号线，由内而外均匀压线，即完成。

压线 —— 沿图案压线

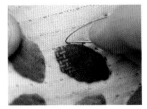

1. 由背面入针，沿着图形四周压线。

2. 建议选用与布料颜色相近的线。

无压线

有压线

3. 此种压线技法常与贴布绣搭配使用，压线后的图案会更为立体哟！

刺绣 —— 羽毛绣

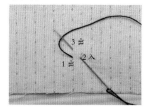

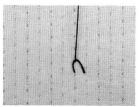

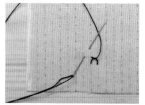

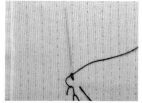

1. 在布料上描绘出中心线（或直接以布纹为基准），锁定一直线后，如上图所示出入针。

2. 依图出针，完成右边的羽毛绣。

3. 依图出入针，完成左边的羽毛绣。

4. 依图出入针，完成右边的羽毛绣。

刺绣 —— 结粒绣

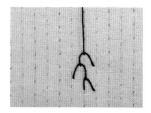

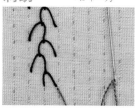

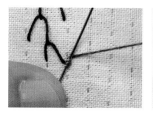

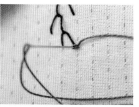

5. 依顺序出入针，完成羽毛绣。

1. 于布料正面出针。

2. 以线绕针三四圈后，抽针不拔出。

3. 直接反向原点入针。

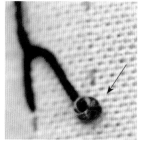

4. 将针拉到背面，完成1个结粒绣。完美的结粒绣会于中心处出现微笑般的酒窝哟！

5. 依顺序完成所有的结粒绣。本示范将结粒绣与羽毛绣相结合做出不同的效果，你也可以依据个人喜好自行组合变化。一起来挑战一下吧！

刺绣 —— 毛边绣

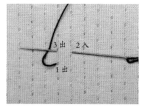

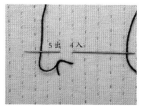

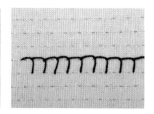

1. 锁定一直线，依图进行刺绣。

2. 依顺序完成所有的毛边绣。

刺绣 —— 钉线绣

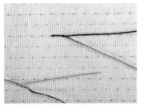

1. 先拉直一条红色绣线作为主线,在红线上绣上绿色结粒绣。

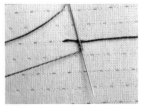

2. 出针后,以线绕针缠绕二三圈。

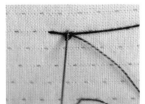

3. 针不抽出,反向原点穿入背面。

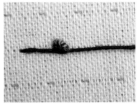

4. 在红线上完成1个钉线绣。

刺绣 —— 缎面绣

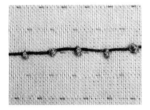

5. 依此做法完成钉线绣。

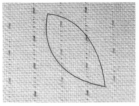

1. 在布料上描绘出图形。

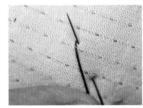

2. 沿图形边缘起针。

3. 连续进行边缘刺绣。

刺绣 —— 轮廓绣

4. 叶缘处须将绣线拉长,入针处须超出记号线外。

5. 避开中心叶脉再慢慢收针,完成整个叶形。

6. 完成生动的缎面绣。

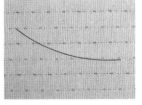

1. 在布料上描绘出记号线。

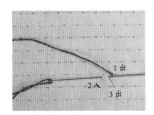

2. 依图示进行刺绣。

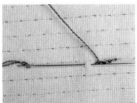

3. 完成所有的轮廓绣。

4. 与缎面绣组合即可完成美丽的花朵哟!

作品 19　立体优雅布花——绣球花

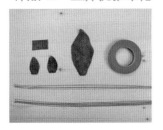

准备绣球花材料：

紫红色蜡染布 33cm
绿色蜡染布 33cm
花艺胶带 1 卷
铁丝（18 号和 22 号）
棉花少许

1. 取两枚花片，正面相对，沿记号线缝合。

2. 以镊子夹住尖角翻面。

3. 翻至正面后，再以镊子辅助推出尖角。

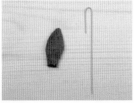

4. 取一根 22 号铁丝，裁剪成三段，取其中一段，依图折一弯角。

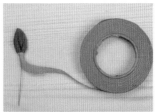

5. 将铁丝塞入花瓣，再以花艺胶带缠绕整个铁丝至 2/3 处。

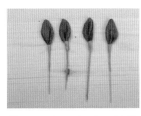

6. 依此做法完成 4 枚花瓣。

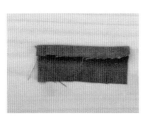

7. 裁一片花芯布料，上端往下折入 1cm。

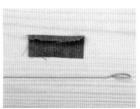

8. 取 22 号铁丝，依图折一弯角。

9. 花芯布中裹入少许棉花。

10. 折成三角形。

11. 放入铁丝。

12. 以花艺胶带缠绕整个铁丝。

13. 完成花芯的制作。

14. 取 4 枚完成的花瓣环绕花芯。

15. 以花艺胶带缠绕整个铁丝。

16. 整理好花瓣后，即完成绣球花的一朵小花。

17. 依纸型缝合叶片，取18 号铁丝不裁断，依图折一弯角。

18. 将铁丝放入叶片内，再以缝线缠绕底端固定。

19. 以花艺胶带缠绕整个铁丝即完成。依此做法完成二三片。

20. 共需完成 15 朵小花。

21. 以花艺胶带缠绕整个铁丝。

22. 缠绕过程中，可依个人喜好放入完成的叶片，继续以花艺胶带缠绕整个铁丝。

23. 每一朵绣球花建议放入二三片叶片，位置需错开。

24. 调整绣球花的造型。

25. 书中的立体花朵做法皆相同，发挥你的观察力，让布花点缀屋内的风景吧！可以依个人喜好配色制作哟！

可爱的拼布精灵——猫头鹰

1. 裁前片与后片各一片。
   （需外加缝份）

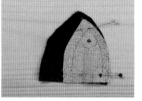

2. 将两片布料正面相对，
   沿记号线缝合右侧。

3. 在止缝点处打结。

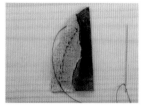

4. 再沿着记号线缝合左
   侧。（同样缝至止缝
   点处）

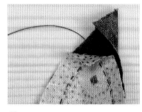

5. 将最上方的深色布料
   对齐。（浅色布料往
   下折）

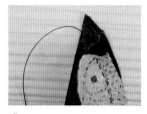

6. 将深色布料缝好。

7. 修剪步骤6中缝合的深
   色布料缝份。

8. 翻回正面，尖角处以
   铁笔顶出调整。

9. 塞入少许棉花，底部
   以双股缝线进行缩缝
   固定。

10. 以铁笔将多余的缝份
    塞入。

11. 以8号针戳入底部起
    针。

12. 将上方尖角向下折，
    抓出猫头鹰尖尖的鼻
    形。

13. 找好鼻子的位置之后，
    将缝针穿过鼻尖，由
    底部起针固定。

14. 将缝针拉至底部打
    结，再由底部入针，
    至鼻子的右方出针。

15. 裁剪浅米色与棕色不
    织布作为白、黑眼球
    依图按顺序穿过两片
    不织布，再穿入眼珠。

16. 将缝线拉至左边，以
    相同做法缝制另一侧
    眼睛，就完成喽！

作品20 柿柿如意——吉祥柿子

1. 将柿子布2片一组缝合，如上图所示，共完成两组。

2. 再将4片组合，于上方留返口，完成后翻至正面。

3. 将棉花抓松。
这一步骤是填充的重点哟！可使柿子填充得更加均匀。

4. 塞入棉花疏缝一圈。

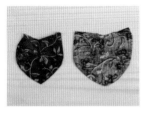

5. 取叶片正面相对缝合V形，于上方留返口，再翻回正面。

6. 于中间处打褶，依此做法共完成4枚叶片。

7. 将叶片缝合于柿子上方，仅需缝合叶片交接处即可。

Point

固定时记得将柿子的尖角置于叶片的中心。

8. 将叶片缝合成一圈。

9. 取一圆形布片，沿着布边内折0.5cm，缩缝一圈制作YO-YO。

10. 完成柿子的蒂头。置入皮绳，以缝线来回缝合固定。

11. 将蒂头固定于叶片上。

12. 掀开叶片，由上方以娃娃针入针。（取4股缝线）

13. 于底部出针，缝制一道约0.5cm的线。

Point

14. 反方向再缝制一次，完成十字柿子顶。
这个步骤是塑型的关键哟！

15. 将缝线拉至上方叶片下打结后，即完成。

65

独家自制提把

应用作品 06

Style 01—— *滚边+羽毛绣+结粒绣*

1. 取表布两片，衬棉一片与纸衬一片。

2. 如图三层叠合。

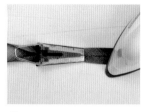

3. 取宽度4cm的斜纹布，以滚边器制作成滚边条。

4. 于距离表布左右两边各0.7cm处制作记号线。

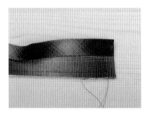

5. 将滚边条右边缝合。

6. 将滚边条左边缝合。

7. 于装饰布上制作羽毛绣与结粒绣即完成。

应用作品 16

Style 02—— *流线造型+结粒绣*

1. 取表布两片，铺棉、纸衬与坯布各一片。

2. 将纸衬贴于表布背面后，制作记号。

3. 如上图所示位置叠合。

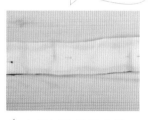

4. 中间以珠针固定后，再以疏缝线缝制。

5. 三合一固定后，疏缝左右两侧。

6. 取另一表布，正面相对缝合左右两侧。

7. 以返里针将其翻至正面。

8. 缝上结粒绣，即完成。

Style 03—— 快速拼布+滚边+自制耳襻

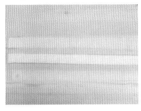

1. 取铺棉、坯布、纸衬各一片。（描绘出一条 1.5cm 的记号线）

2. 三层叠合后，以熨斗整烫，并于纸衬上依纸型描绘出记号。

3. 依纸型取 3cm×3cm 的先染布数片。

4. 将布片叠于纸衬上，布边须超出记号线。

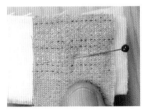

5. 同样的位置再以正面相对的方式，叠合一片浅色布片。

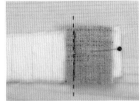

6. 以珠针固定后，沿记号线处缝合。

7. 将布料摊开，固定两片布片。

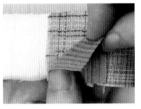

8. 取第三片布片与第二片布片叠合，并沿记号线处缝合。

9. 依此做法进行拼缝。

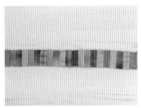

10. 组合整条提把。

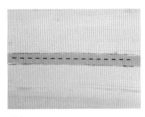

11. 取一片后表布置于背面，并疏缝固定。

12. 依纸型修剪两端弧度。

13. 四周进行滚边。

14. 将提把上下两边对折，并沿着滚边处缝合。

15. 两端保留约 5cm 不缝合，即完成。

Style 04—— 皮革单提把 + 布料

（本步骤仅示范提把的制作，组合时，请以袋身夹车口布哟！）

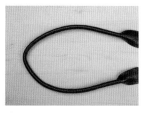

1. 取一片约 7cm × 25cm 的布片，左右往内折入 1cm。

2. 上下对折。
完成提把口布，即可固定于袋口处再进行后续步骤。本步骤着重提把的制作，故不另外示范。

3. 取一提把。

4. 将提把放入袋口布中。

5. 提把左右两端重叠。

6. 以绣线将其缠绕紧实。

Style 05—— 口金提把 + 铺棉 + 布料

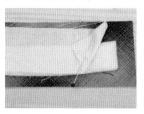

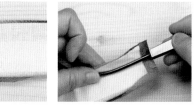

1. 取口金布（4cm × 29cm）、铺棉（2.5cm × 27cm）、坯布（3cm × 27cm）各一片。

2. 依图将三层叠合。

3. 口金布左右往内折入 1cm。

4. 将半圆形口金提把置于口金布中心。

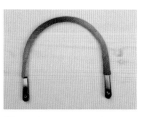

5. 以口金布包覆住半圆口金提把。

6. 以布料包卷提把，并缝合固定。

7. 完成独特手感的提把。

CHAPTER 3

恋上 先染 拼布 好时光

本书做法中标示的尺寸皆需外加缝份。

所附纸型皆已含 0.7cm 缝份，

建议复印或以描图纸描绘后使用，请勿直接剪下。

横式方格提袋 原大纸型 A 面

准备材料

表布	B、D	6.5cm×6.5cm	60 片
	A、E	5cm×52cm	2 片
	C	18cm×52cm	1 片
贴布缝布			适量
滚边条		4cm×105cm	1 片
拉链袋口口布		10cm×35cm	2 片
里布			50cm

拉链	40cm（内口袋）1 条	
拉链拉环布	5cm×7cm	2 片
铺棉、纸衬、坯布	55cm×60cm	各 1 片
提把		1 组
25 号绣线		适量

※ 三合一压线：表布＋铺棉＋坯布三层叠合使用，可使压线时白色棉絮不易被拉出。

HOW TO MAKE

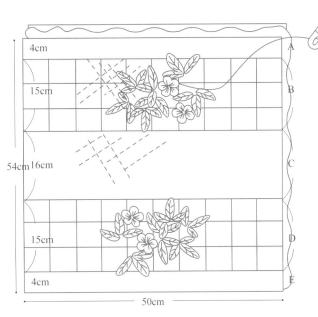

1. 拼接组合布片 A、B、C、D、E，并制作贴布缝。

2. 进行三合一压线，并制作轮廓绣与结粒绣。

表布（背面）

3. 上下对折，正面相对，并车缝左、右两侧，车缝袋底左、右各 6cm。

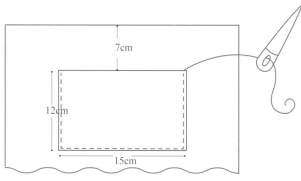

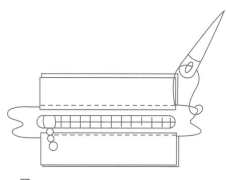

4. 依纸型裁剪袋身里布（缝份内缩 0.7cm），依
   个人喜好制作口袋后，正面相对，上、下对折，
   车缝左、右两侧，车缝底角左、右各 6cm。

5. 将步骤 4 完成的部分放入步骤 3 完成的
   部分中，以袋口口布夹车拉链。

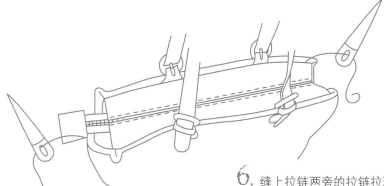

6. 缝上拉链两旁的拉链拉环布。

8. 于袋口中心点左、右各 7cm 处固定提把，即完成。

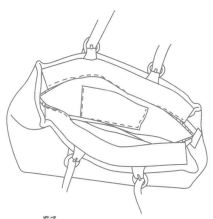

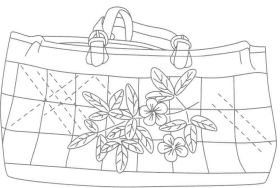

7. 袋口滚边。

02 乡村大提袋　原大纸型　A面

准备材料

袋身前、后片表布	25cm×32cm	各1片	纸衬、铺棉、坯布	34cm×37cm		各1片
侧身表布	13cm×70cm	1片	鸡眼			4个
贴布缝布		适量	铜吊饰			4个
里布		50cm	提把			1组
滚边条	4cm×100cm	1片	皮襻襻扣			1组
侧身吊耳装饰布	3cm×38cm	2片	造型木扣（小）			适量

HOW TO MAKE

1. 裁剪一片袋身前片表布，并制作贴布缝。

2. 完成后进行三合一压线，并缝上小造型木扣。

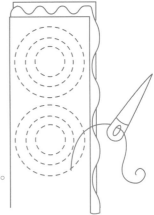

3. 将侧身表布同样进行三合一压线。

表布（背面）

4. 裁剪一片袋身后片表布，制作贴布缝。

5. 同样进行三合一压线后，缝上小造型木扣装饰。

6. 组合步骤2、步骤3、步骤5，成一筒状。

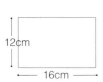

12cm

16cm

7. 裁剪一片袋身前片里布（缝份内缩0.7cm），并依个人喜好制作口袋（贴式口袋：16cm×12cm，固定于袋口中心下6cm）。

8. 裁剪侧身里布。

9. 裁剪一片袋身后片里布（缝份内缩0.7cm），再依个人喜好制作口袋。（一字拉链口袋：宽15cm，固定于袋口中心下6cm）

10. 组合步骤7、步骤8、步骤9完成的部分，成一筒状。

11. 将步骤10完成的部分放入步骤6完成的部分中，并于袋口处进行滚边。

14. 装上侧身吊耳装饰（装上铜吊饰），即完成。

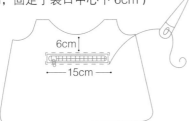

6cm

15cm

12. 缝上提把与皮襻襻扣（固定于袋口中心点下1cm）。

13. 于侧身打上鸡眼。

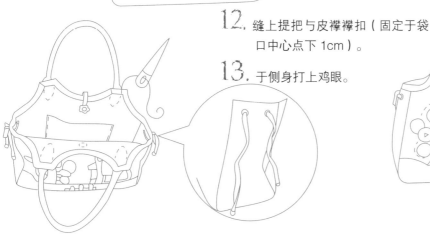

准备材料

袋身前、后片表布	12cm×14cm	各1片		纸衬、铺棉、坯布	20cm×32cm	各1片
侧身表布	7cm×32cm	1片		拉链	15cm	1条
贴布缝布		适量		拉链拉环布	5cm×7cm	2片
里布	20cm×32cm	1片		小木扣		适量
滚边条	4cm×12cm	2片				

HOW TO MAKE

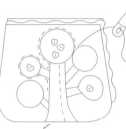

1. 裁剪一片袋身前片表布，并制作贴布缝。

2. 制作三合一压线，并缝上小木扣。

3. 裁剪一片袋身前片里布，与步骤1中的表布正面相对，车缝三边，并于袋口处预留一返口。

6. 袋身后片里布制作同袋身前片里布，由袋口翻回正面，再进行袋口滚边。

7. 裁剪一片侧身表布，并进行三合一压线。

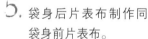

4. 由袋口翻回正面，再制作滚边条。

5. 袋身后片表布制作同袋身前片表布。

8. 将步骤7中的表布与侧身里布正面相对，车缝四周并预留一返口。

9. 翻回正面，返口处以藏针缝缝合。

10. 组合步骤4、步骤9、步骤6完成的部分，并缝上拉链，缝上拉链两旁的拉链拉环布，即完成。

04 夏之恋提袋

原大纸型 A面

准备材料

袋身浅色主布		20cm×32cm	2片
袋身深色主布	A	6cm×32cm	2片
	B	7cm×32cm	2片
袋底表布		13cm×22cm	1片
贴布缝布			适量
里布贴边布		8cm×32cm	2片
里布		50cm	1片
滚边条		4cm×65cm	1片

纸衬、铺棉、坯布	40cm×73cm	各1片
包绳布	2.5cm×65cm	1片
皮绳	65cm	1根
提把用布	3cm×38cm	4片
提把滚边条	4cm×38cm	4片
提把贴布缝布（里布）	5cm×7cm	4片
段染缎带花	38cm	4条
段染8号绣线		适量

HOW TO MAKE

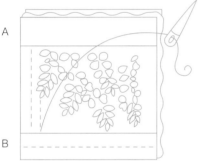

1. 深色主布A＋袋身浅色主布（制作贴布缝）＋深色主布B，组合后进行三合一压线。

表布（背面）

2. 制作轮廓绣、羽毛绣、十字绣与结粒绣，完成前、后两片袋身表布。

3. 将两片袋身表布正面相对，车缝左、右两侧，成一筒状。

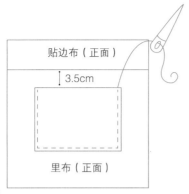

貼边布（正面）

3.5cm

里布（正面）

4. 裁剪袋身前、后片里布各一片（缝
份内缩 0.7cm），再依个人喜好
制作口袋。将两片里布正面相对后，
车缝左、右两侧，成一筒状。

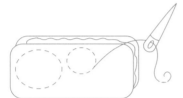

6. 裁剪一片袋底表布，进行三合一压线。

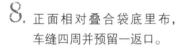

8. 正面相对叠合袋底里布，
车缝四周并预留一返口。

9. 完成后翻回正面，返口处以
藏针缝缝合。

10. 将步骤 9 的袋底固定于步
骤 5 的袋子下方。

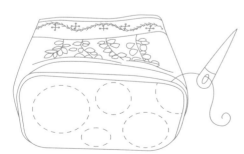

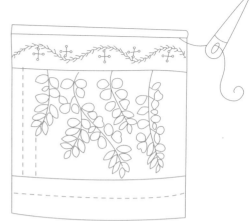

5. 将步骤 4 完成的部分放入步骤 3 完成的部分中，
并于袋口处进行滚边，将袋子下方的缝份向内折
入并缝合固定。

7. 以包绳布（置入皮绳）沿记号线疏缝。

11. 将制作的布用提把固定于
中心点左、右各 6.5cm 处，
在里布袋口处将提把缝合好，
即完成。

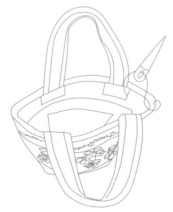

05 夏之恋零钱包　原大纸型　A面

准备材料

袋身浅色主布	13cm×23cm	2片	滚边条	4cm×22cm	2片
袋身深色主布	5cm×23cm	2片	拉链吊耳布	4cm×4cm	2片
贴布缝布		适量	纸衬、铺棉、坯布	26cm×46cm	各1片
上侧身表布	7cm×22cm	1片	拉链	20cm	1条
下侧身表布	7cm×32cm	1片	D形环		2个
里布	17cm	1片	段染8号绣线		适量

HOW TO MAKE

1. 组合浅色主布与深色主布，并制作贴布缝。

2. 进行三合一压线，并制作轮廓绣，完成前、后两片袋身表布。

3. 各叠合一片里布后，分别将表、里布背面相对疏缝一圈。

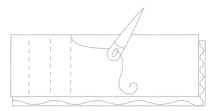

4. 上侧身三合一压线并与里布叠合车缝。

6. 下侧身进行三合一压线。

7. 组合步骤5、步骤6完成的部分（记得放入拉链吊耳和D形环），再缝合下侧身里布。

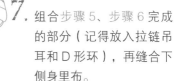

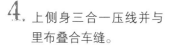

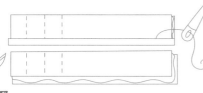

5. 由中间处剪开，开口处进行滚边，并缝上拉链，于滚边条两侧绣上羽毛绣。

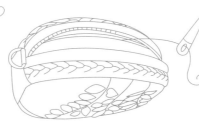

8. 组合步骤3、步骤7完成的部分，所有缝份皆以里布布料制作滚边条处理，即完成。

五彩缤纷提袋　　原大纸型　A 面

准备材料

袋身浅色主布		21cm×33cm	2 片	滚边条		4cm×102cm	1 片
袋身深色主布	A	11cm×33cm	2 片			4cm×47cm	2 片
	B	6cm×33cm	2 片	纸衬、铺棉、坯布		40cm×80cm	各 1 片
里布贴边布		14cm×33cm	2 片	包绳布		2.5cm×65cm	1 片
袋底表布		13cm×22cm	1 片	皮绳		65cm	1 根
贴布缝布			适量	提把用布		3cm×33cm	4 片
里布		50cm	1 片	段染缎带花		38cm	4 条
拉链（内口袋用）		18cm	1 条	段染 8 号绣线			适量

HOW TO MAKE

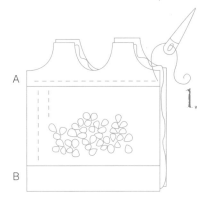

1. 深色主布 A + 袋身浅色主布（制作贴布缝）+ 深色主布 B，组合并进行三合一压线。

2. 绣上轮廓绣与花朵，完成前、后两片袋身表布。

提把用布实际尺寸 2.2cm×31cm

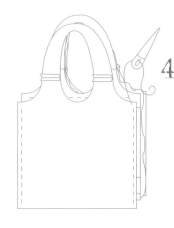

3. 分别于前、后两片袋身表布上方接合提把用布（三合一压线之后）。

4. 组合步骤 2、步骤 3 完成的部分，完成前、后片表布，将其正面相对，车缝左、右两侧，成一筒状。

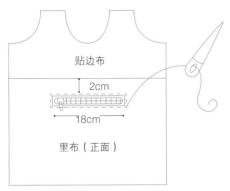

贴边布

2cm

18cm

里布（正面）

里布贴边布（背面）

里布（背面）

5. 裁剪袋身前、后片里布（缝份内缩 0.7cm），再依个人喜好制作口袋（贴式口袋：15cm×15cm，固定于贴边下 2cm 处；一字拉链口袋: 长 18 cm，固定于贴边下 2cm 处）。

6. 两片前、后片内里正面相对（记得要接合里布提把用布），车缝左、右两侧，成一筒状。

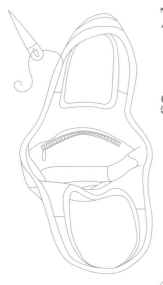

7. 将步骤 6 完成的部分放入步骤 4 完成的部分中，并于袋口处滚边。

8. 于袋口处绣上羽毛绣与结粒绣，袋子下方的缝份向内折入，并缝合固定。

9. 裁剪一片袋底表布，进行三合一压线。

10. 以包绳布（置入皮绳）沿记号线疏缝。

11. 再正面相对叠合袋底里布，车缝四周并预留一返口，翻回正面，返口处以藏针缝缝合。

12. 将步骤 11 中的袋底固定在步骤 8 的袋子下方，即完成。

07

五彩缤纷零钱包　　原大纸型　A面

准备材料

袋身前口袋表布	11cm×23cm	1片	里布	23cm×33cm	1片
袋身前后片表布	11cm×23cm	2片	纸衬、铺棉、坯布	23cm×33cm	各1片
贴布缝布		适量	拉链	20cm	1条
袋底	8cm×20cm	1片	段染8号绣线		适量

HOW TO MAKE

1. 在袋身前口袋表布上制作贴布缝，完成后进行三合一压线，再制作轮廓绣与花朵。

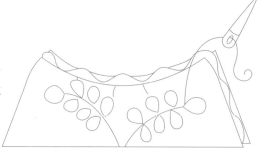

2. 袋身前片表布，进行三合一压线，并制作轮廓绣与花朵。

3. 裁剪与步骤1中表布尺寸相同的里布，将两片正面相对叠合，车缝四周并预留一返口，翻回正面，返口处以藏针缝缝合。

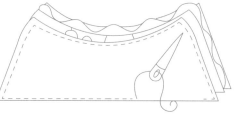

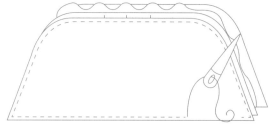

4. 裁剪与步骤2中表布尺寸相同的里布，将两片正面相对叠合，车缝四周并预留一返口，翻回正面，返口处以藏针缝缝合。

5. 于袋身后片表布制作贴布缝，进行三合一压线，再制作轮廓绣与花朵。

6. 裁剪与步骤 5 中表布尺寸相同的里布，将两片正面相对叠合，车缝四周并预留一返口，翻回正面，返口处以藏针缝缝合。

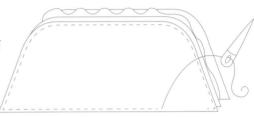

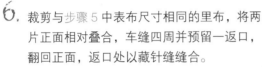

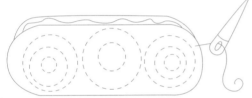

7. 袋底进行三合一压线后，与里布正面相对，车缝四周并预留一返口，翻回正面，返口处以藏针缝缝合。

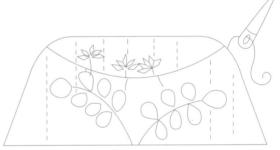

8. 组合步骤 3、步骤 4 完成的部分，完成整个前袋身。

9. 组合步骤 6、步骤 7、步骤 8 完成的部分，再缝上拉链，即完成。

08 清秀佳人提袋　原大纸型　A 面

准备材料

前、后片浅色主布	19cm×22cm	2 片	下侧身口袋滚边条	4cm×12cm	2 片
上侧身表布（夹车拉链）	10cm×27cm	1 片	纸衬、铺棉、坯布	35cm×66cm	各 1 片
下侧身表布	14cm×66cm	1 片	拉链拉环布	5cm×5cm	4 片
下侧身口袋	14cm×13cm	2 片	拉链	30cm	1 条
贴布缝布		适量	提把滚边条	4cm×100cm	2 片
六角花园用布	适量（排列方式请见备注）		包绳布	2.5cm×90cm	2 片
提把用布		适量	皮绳	90cm	2 条
里布	50cm	1 片	段染 8 号绣线		适量
下侧身滚边条	4cm×10cm	2 片			

＊ 六角花园的排列方式：

第 6 排	7 片	第 2 排	4 片
第 5 排	4 片	第 1 排	8 片
第 4 排	4 片	前袋身、后袋身共需 62 片	
第 3 排	4 片		

HOW TO MAKE

2. 进行三合一压线，并制作轮廓绣与结粒绣，完成前片表布，将包绳布（置入皮绳）疏缝固定于四周。

3. 后片袋身做法同前片袋身。

1. 依纸型拼接六角花园，再将前片浅色主布（制作贴布缝）缝合于中间。

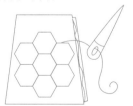

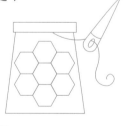

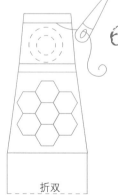

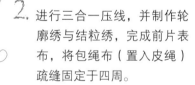

4. 拼接下侧身口袋的六角花园，于下侧身口袋制作贴布绣。

5. 进行三合一压线后，叠合里布，再于袋口处制作滚边条。

6. 下侧身表布三合一压线后，与步骤 5 中的部分叠合，再加一片下侧身里布，正面相对，车缝左、右两侧，翻回正面，上下滚边。

折双

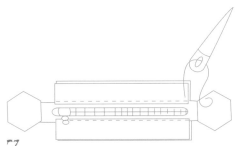

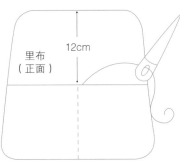

里布
（正面）

12cm

7. 上侧身表布（不加铺棉）夹车拉链，
缝上拉链两旁的拉链拉环布。

8. 裁前片里布（依个人喜好制作口袋），与步骤 2 中的表布正面相对叠合，车缝四周，预留一返口，翻回正面，返口处以藏针缝缝合。

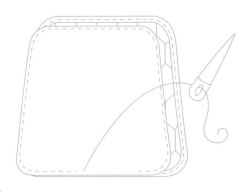

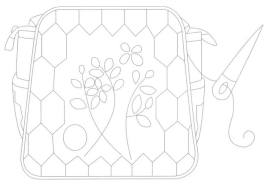

9. 裁后片里布（依个人喜好制作口袋），
与步骤 3 中的表布正面相对叠合，车
缝四周，预留一返口，翻回正面，返
口处以藏针缝缝合。

10. 组合步骤 6、步骤 8、步骤 9、步骤 7 完成的
部分。

（提把制作请参考 P.67 Style 03）

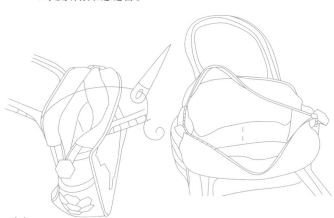

11. 制作的布用提把，将其缝合于中心点左、右各 6cm 处，
即完成。

清秀佳人零钱包　　原大纸型　B 面

准备材料

浅色主布	12cm×14cm	1 片
六角花园用布	适量（排列方式请见备注）	
滚边条	4cm×36cm	1 片
里布	4cm×32cm	1 片
贴布缝布		适量

拉链	15cm	1 条
纸衬、铺棉、坯布	20cm×32cm	各 1 片
段染 8 号绣线		适量

＊ 六角花园的排列方式：

第 10 排	9 片	第 5 排	8 片
第 9 排	6 片	第 4 排	9 片
第 8 排	4 片	第 3 排	8 片
第 7 排	6 片	第 2 排	9 片
第 6 排	9 片	第 1 排	8 片

HOW TO MAKE

1. 依纸型拼接六角花园，再将浅色主布
   （制作贴布缝）缝合于中间。

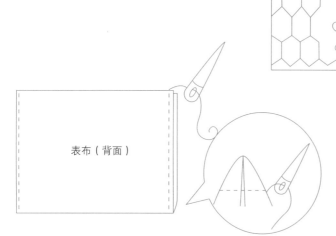

表布（背面）

2. 三合一压线后，进行轮廓绣与结粒
   绣，正面相对对折，车缝左、右两侧
   与底角左、右各 2cm。

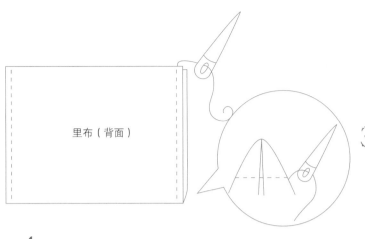

里布（背面）

3. 依纸型裁剪一片里布（缝份内缩0.3cm），车缝做法同表布。

4. 将步骤 3 完成的部分放入步骤 2 完成的部分中，并于袋口处制作滚边条。

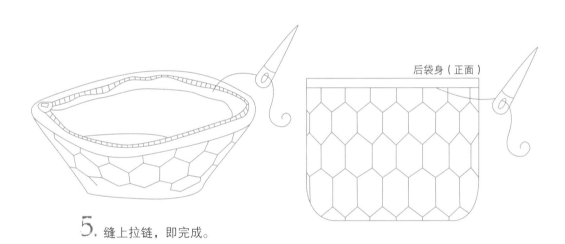

后袋身（正面）

5. 缝上拉链，即完成。

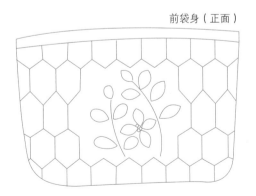

前袋身（正面）

10 花漾提袋

原大纸型 B 面

准备材料

前、后片表布	28cm×28cm	2 片		里布	50cm	1 片
前片浅色主布	13cm×13cm	3 片		纸衬、铺棉、坯布	70cm×75cm	各 1 片
后片浅色主布	20cm×23cm	1 片		提把		1 条
后滚边布	20cm×23cm	1 片		拉链（内口袋用）	15cm	1 条
贴布缝布		适量		段染 8 号绣线		适量
小木屋布		适量		日本松野珠		适量
袋口布	7cm×25cm	2 片		磁扣		1 组
里布贴边表布	10cm×70cm	1 片				

HOW TO MAKE

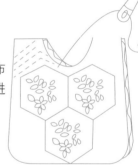

1. 将前片浅色主布（制作贴布缝）固定于前片表布上，进行三合一压线。

2. 于前片表布上制作轮廓绣与结粒绣，再缝上日本松野珠装饰。

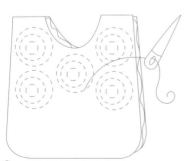

3. 后片表布制作三合一压线。

4. 将后片浅色主布（制作贴布缝）周围的缝份折入，并叠放于后滚边布上。

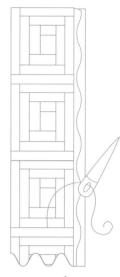

5. 进行三合一压线，绣上轮廓绣，缝上日本松野珠。

6. 将步骤 5 完成的部分固定于步骤 3 完成的部分上。

7. 拼接七片侧身小木屋图形，并进行三合一压线。

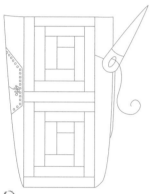

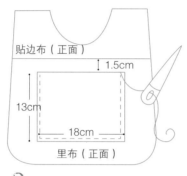

贴边布（正面）

1.5cm

13cm

18cm

里布（正面）

里布（背面）

8. 组合步骤 2、步骤 7、步骤 6 完成的部分，成一筒状。

9. 裁剪前、后片袋身里布各一片（缝份内缩 0.5cm），并依个人喜好制作口袋。

10. 裁剪一片侧身里布，并组合前、后片袋身里布与侧身，成一筒状。

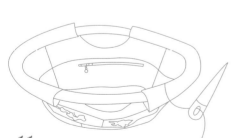

前袋身

后袋身

11. 将步骤 10 完成的部分放入步骤 8 完成的部分中，袋口处以袋口布缝合，并置入提把，即完成。

（提把制作请参考 P.68 Style 04）

11 花漾钥匙包

原大纸型　B 面

准备材料

浅色主布	11cm × 11cm	2 片	纸衬、铺棉、坯布	14cm × 30cm	各 1 片
后滚边布	14cm × 14cm	2 片	段染 8 号绣线		适量
贴布缝布		适量	日本松野珠		适量
叶子用布	3.5cm × 12cm	2 片	钥匙圈		1 组
红色花苞用布	3.5cm × 3.5cm	2 片	皮绳	17cm	1 根
填充棉		适量			

HOW TO MAKE

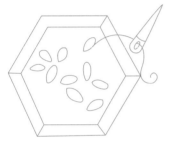

1. 将浅色主布（制作贴布缝）固定于后滚边布上，进行三合一压线。

2. 完成后绣上轮廓绣和结粒绣，以此方式完成前、后两片表布。

3cm 不缝合

不缝合

3. 缝合前、后两片表布。

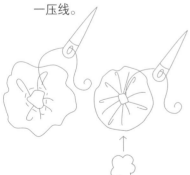

4. 制作红色花苞。依纸型裁剪一片，四周疏缝一圈后放入少许填充棉，将线拉紧并缝合于皮绳上，即完成。（两端各做一个红色花苞）

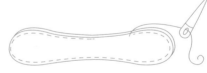

5. 制作绿色叶子。依纸型裁剪两片，正面相对车缝四周并预留一返口。

6. 将叶子翻至正面，返口处以藏针缝缝合。

7. 将皮绳穿入钥匙圈，再将叶子固定于皮绳上，即完成。

88

12 爱的物语侧背包

原大纸型　B 面

准备材料

前、后片表布	28cm × 28cm	各 1 片	拉链	30cm	1 条
贴布缝布		适量	拉链拉环布	5cm × 8cm	4 片
袋底表布	16cm × 28cm	1 片	纸衬、铺棉、坯布	45cm × 75cm	各 1 片
侧身表布	16cm × 28cm	2 片	里布	50cm	1 片
侧身口袋布	16cm × 15cm	2 片	提把		1 组
袋口滚边条	4cm × 58cm	1 片	8 号绣线		适量
侧口袋滚边条	4cm × 15cm	2 片			

HOW TO MAKE

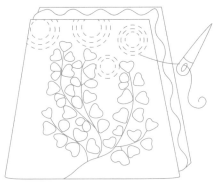

1. 于前片表布上制作贴布缝，完成后，进行三合一压线，再制作轮廓绣点缀。

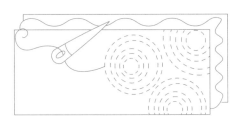

2. 袋底表布与后片表布皆进行三合一压线。

3. 组合步骤 1、步骤 2 完成的部分，成一长条状。

4. 于侧身口袋表布上制作贴布缝，并进行三合一压线。完成后，再叠合一片里布，上方制作滚边条。

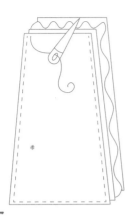

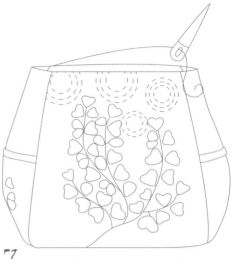

5. 将侧身表布进行三合一压线，再叠合一片里布。

6. 将侧身口袋固定于侧身上。

7. 组合步骤3、步骤6，成一筒状。

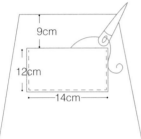

9cm
12cm
14cm

8. 依纸型裁剪一片前片里布（缝份内缩0.5cm）、一片袋底里布（缝份内缩0.5cm）与一片后片里布（缝份内缩0.5cm），再依个人喜好制作口袋（14cm×12cm，固定于袋口下9cm处），组合成一长条状。

11. 缝上拉链两旁的拉链拉环布，并组装提把，即完成。

9. 依纸型裁侧身里布两片（缝份内缩0.5cm），完成后，与步骤8完成的部分组合成一筒状。

10. 将步骤9完成的部分放入步骤7完成的部分中，于袋口制作滚边，并缝上拉链。

13 爱的物语零钱包

原大纸型　B 面

准备材料

袋身表布	19cm × 27cm	1 片		拉链	15cm	1 条
侧身表布	7cm × 12cm	2 片		拉链拉环布	5cm × 7cm	2 片
贴布缝布		适量		滚边条	4cm × 18cm	2 片
里布	20cm × 40cm	1 片		8 号绣线		适量
纸衬、铺棉、坯布	20cm × 40cm	各 1 片				

HOW TO MAKE

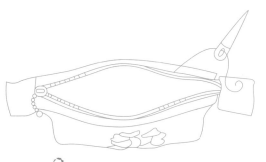

3. 袋身上、下滚边，组装拉链，并缝上拉链两旁的拉链拉环布。

1. 于袋身表布上制作贴布缝，进行三合一压线后，再制作轮廓绣。

2. 裁剪一片袋身里布，与袋身表布正面相对，车缝左、右两侧，再翻至正面。

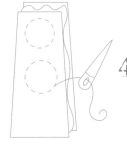

4. 侧身表布制作三合一压线。

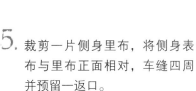

5. 裁剪一片侧身里布，将侧身表布与里布正面相对，车缝四周并预留一返口。

6. 将侧身翻回正面，返口处以藏针缝缝合。共须完成两片侧身。

7. 组合步骤3、步骤6完成的部分，即完成。

14 蔷薇花口金包 原大纸型 B面

准备材料

浅色主布	15cm×27cm	2片		里布	40cm×50cm	1片
砖块先染布		适量		纸衬、铺棉、坯布	40cm×50cm	各1片
花配色布		适量		小提把		1组
侧身表布	12cm×50cm	1片		半圆口金	15cm	1组

HOW TO MAKE

1. 于浅色主布上制作贴布缝，下袋身以砖块先染布拼接。完成前、后片表布后，进行二合一压线。

3. 组合前袋身、侧身与后袋身。

4. 组合前片里布、侧身里布与后片内里，预留一返口，且所有缝份内缩0.3cm。

2. 侧身表布三合一压线。

5. 组合步骤3、步骤4完成的部分，正面相对并缝合袋口处，再由返口翻回正面，以藏针缝缝合。

6. 缝上口金并装上提把，即完成。

15 蔷薇花口金零钱包

原大纸型 B面

准备材料

浅色主布	12cm×15cm	1片	滚边条	4cm×28cm	2片
砖块先染布		适量	里布	15cm×40cm	1片
花配色布		适量	纸衬、铺棉、坯布	15cm×40cm	各1片
侧身表布	7cm×11cm	2片	仕女口金	10cm	1组

HOW TO MAKE

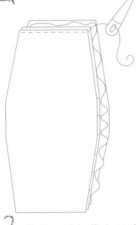

1. 于浅色主布上制作贴布缝。袋底与后袋身先以砖块先染布进行拼接，完成后再进行三合一压线。

2. 裁剪一片与袋身尺寸相同的里布，与袋身正面相对，车缝上、下两端，再翻回正面。

3. 侧身表布进行三合一压线，再与一片里布正面相对，车缝上端再翻回正面，共须完成两片侧身。

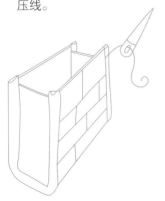

4. 组合步骤2、步骤3完成的部分，将侧边缝份以滚边条进行滚边。

5. 缝上口金，即完成。

16 柠檬星水果篮　原大纸型　B面、C面

准备材料

浅色主布	9cm×9cm	5片	提把布	4.5cm×30cm	2片
配色布		适量	里布	33cm	1片
柠檬星配色布		适量	纸衬、铺棉、坯布	35cm×70cm	各1片
袋底表布	20cm×20cm	1片	8号绣线		适量
滚边条	4cm×58cm	1片	中岛绣线		适量

HOW TO MAKE

1. 于浅色主布上制作贴布缝，再拼接上、下端配色布，共完成B表布五组。

2. 拼接A表布后，进行三合一压线，再与里布叠合，共须完成五组。

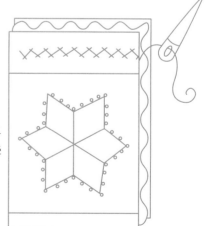

3. 取B表布进行三合一压线，并绣上结粒绣与千鸟绣，完成后与里布叠合，共须完成五组。

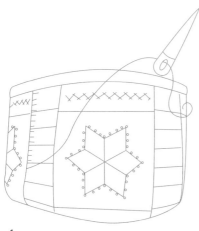

4. 组合 A、B，共五组。将多余缝份以滚
   边布处理，袋口滚边并绣上结粒绣，再
   以毛边绣点缀。

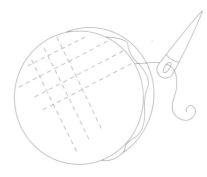

5. 裁剪一片袋底表布，进行三合一压线。

6. 组合步骤 4、步骤 5 完成的部分。

7. 裁剪一中底里布，缝合于里袋袋底处。

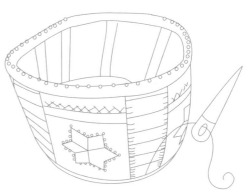

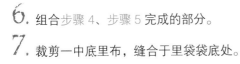

8. 制作提把，并绣上结粒绣，将其固定
   于袋口处，即完成。

   （提把制作请参考 P.66 Style 02 ）

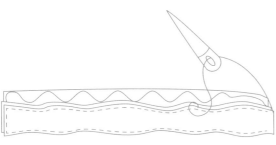

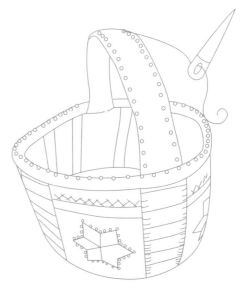

17 玲珑花瓶 　原大纸型　C 面

准备材料

浅色主布	33cm		8 号绣线	适量
深色布	91cm		25 号绣线	适量
纸衬、铺棉	45cm×70cm　各 1 片			

HOW TO MAKE

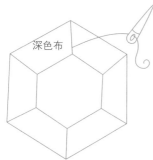

深色布

1. 单独折好深色六角形，里侧放入铺棉，并折入六个边角。

2. 单独折好浅色六角形，并于其上进行花朵刺绣，以硬纸板定型后取出。再将浅色六角形以贴布缝的方式固定于深色六角形上，即完成一个六角花园。

3. 步骤 2 中完成的六角花园，共须完成 8 片。(制作示范请见 P.58、59)

4. 制作深色菱形，做法同深色六角花园。

5. 制作浅色菱形，做法同浅色六角花园。

6. 将步骤 4、步骤 5 完成的部分背面相对缝合，共须完成五片。

7. 组合 8 片六角花园与五片菱形，以对针缝固定成一个球状，即完成。

* 组合方式：
  先将六角花园上下组合，在两组六角花园布片中心再以菱形组合。

18 玲珑桌垫

原大纸型　C 面

准备材料

浅色主布	46cm×56cm	1 片	纸衬、铺棉	62cm×76cm	各 1 片
浅色六角花园布	13 色	适量	纸板	1.6cm	2 包
深色六角花园布		适量	8 号绣线		适量
后背布	65cm×80cm	1 片			

HOW TO MAKE

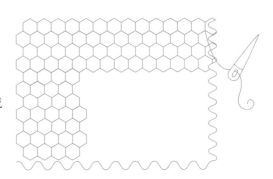

1. 依图将 A 段（六角花园）、B 段（左、右端为六角花园，中间为浅色主布）与 C 段（六角花园）拼接组合，完成后，再进行三合一压线。

2. 完成后于表布上进行花朵图案刺绣。

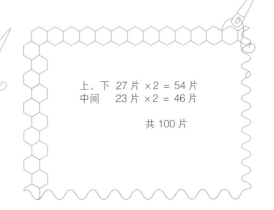

上、下　27 片 ×2 = 54 片
中间　　23 片 ×2 = 46 片

共 100 片

3. 裁剪四周深色六角花园后，裁剪铺棉，并于后背布的四周缝上深色六角花园，共 100 片，即完成。

典雅椭圆水果篮

原大纸型　C 面

准备材料

浅色主布表布	9cm×10cm	6 片	贴布缝布		适量
配色布表布	适量	8 色	纸衬、铺棉、坯布	25cm×65cm	各 1 片
袋底表布	16cm×24cm	1 片	8 号绣线		适量
里布	33cm	1 片	中岛绣线		适量
提把	4cm×23cm	4 片	PE 板	16cm×24cm	1 块

HOW TO MAKE

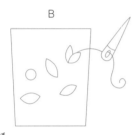

1. 拼接浅色主布 B，并制作
贴布缝，共须完成六片。

2. 制作配色拼接布片 A，共制作六片，
将其与浅色主布 B 拼接成一长条，并
进行三合一压线。

表布（背面）

3. 制作轮廓绣、结粒绣与毛边绣
装饰，完成后将布料正面相对，
车缝左、右两侧，成一筒状。

4. 依纸型裁剪布片 A 的里布六片与布
片 B 的里布六片，拼接成一筒状。

里布（背面）

5. 将步骤 3、步骤 4 完成的部分背面相对组合，上方制作滚边条，并缝制结粒绣，下方将多余的缝份向内折入。

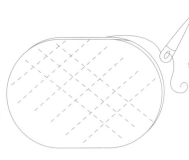

6. 裁剪一片袋底表布，进行三合一压线后，与一片袋底里布正面相对，车缝四周，并预留一返口。

8. 组合步骤 5、步骤 7 完成的部分。

7. 从返口翻回正面，将 PE 板置入，返口以藏针缝缝合。

10. 将上、下缝份向内折入，共制作两个提把，提把两旁缝上结粒绣装饰，再固定于提篮两侧（侧边中间左、右各 4.5cm），即完成。

9. 裁两片提把表布（内放入铺棉）正面相对，车缝左、右两侧，翻回正面。

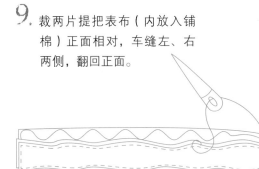

22 典雅柠檬星餐桌垫

原大纸型　C 面

准备材料

浅色主布	29cm × 45cm	1 片	滚边条	4cm × 100cm	1 片
柠檬星		适量	纸衬、铺棉、坯布	45cm × 60cm	各 1 片
配色布		适量	后背布	45cm × 60cm	1 片
贴布缝布		适量	8 号绣线		适量
柠檬星底布	8.5cm × 8.5cm	4 片	中岛绣线		适量

HOW TO MAKE

1. 于浅色主布四个角制作贴布缝。

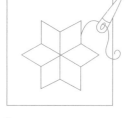

2. 于柠檬星的底布上制作柠檬星，共完成四片。

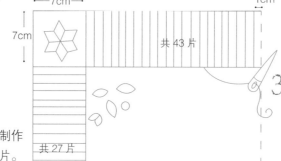

3. 拼接好周围的配色布，43 片与 27 片各两组。

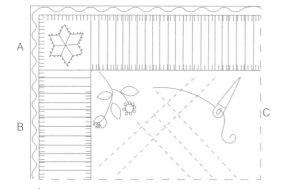

4. 依图示组合 A 段、B 段与 C 段，完成表布后，进行三合一压线，再绣上轮廓绣、结粒绣与毛边绣。

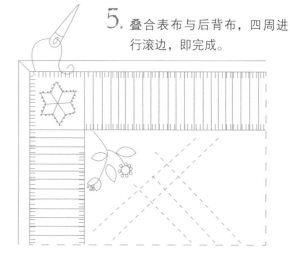

5. 叠合表布与后背布，四周进行滚边，即完成。

23 典雅面纸盒　　原大纸型　C面、D面

准备材料

浅色主布	9cm×17cm	4片	纸衬、铺棉、坯布	27cm×65cm	各1片
配色布		适量	后背布	45cm×60cm	1片
贴布缝布		适量	8号绣线		适量
侧身表布	11cm×13cm	2片	中岛绣线		适量
袋身滚边条	4cm×174cm	1片	绢线		适量
侧身滚边条	4cm×13cm	2片	磁扣		2组
里布	27cm×65cm	1片			

HOW TO MAKE

1. 于浅色主布上制作贴布缝。

2. 拼接前片表布、袋底表布与后片表布，完成后进行三合一压线，并绣上花茎轮廓绣与花朵结粒绣，加一片里布背面相对。

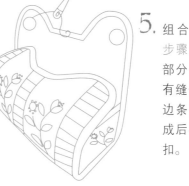

3. 裁一侧身表布，做好贴布缝，进行三合一压线，再绣上花茎轮廓绣与花朵结粒绣，共完成两片。

5. 组合步骤2、步骤4完成的部分，四周所有缝份皆以滚边条处理，完成后再缝上磁扣。

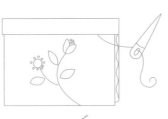

4. 完成后与一片里布背面相对，上方制作滚边条，共完成两片侧身。

6. 以羽毛绣、毛边绣点缀，即完成。

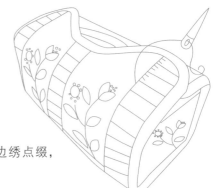

24 轻巧猫头鹰提袋

原大纸型　C面

准备材料

天空布	8cm×30cm	2 片	方格里布贴边布	11cm×28cm	2 片
配色布		适量	里布（作品 25 用）	50cm	
方格布	24cm×31cm	1 片	纸衬、铺棉、坯布	40cm×75cm	各 1 片
侧身布	12cm×18cm	2 片	皮绳	32cm	2 根
袋底布	12cm×31cm	1 片	猫头鹰用布		适量
袋口方格布	6cm×26cm	2 片	叶子		适量
提把布	7cm×36cm	2 片	拉链（内口袋用）	15cm	1 条

HOW TO MAKE

1. 依序拼接袋口方格布＋配色布＋天空布＋
方格布＋袋底布＋方格布＋天空布＋配色
布＋袋口方格布成一长条，并制作三合一
压线。

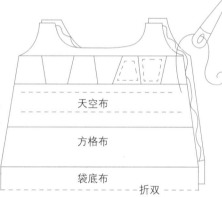

天空布

方格布

袋底布

——折双

2. 于里布距离袋口 1.5cm 处制作一
字拉链口袋，并于里布的上下两端
分别拼接里布贴边布成长条状。

里布贴边布

1.5cm

15cm

袋底布

——折双

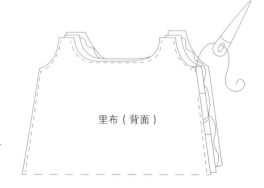

里布（背面）

3. 将步骤 1、步骤 2 完成的部分正面相对，车缝四
周并预留一返口，由返口翻回正面，再以藏针
缝缝合。（提把接合处先不缝合）

4. 裁剪一片侧身表布，进行三合一压线，再与一片里布正面相对，车缝四周，并预留一返口，由返口翻回正面，再以藏针缝缝合，共完成两片侧身。

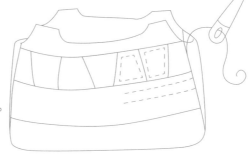

5. 组合步骤 3、步骤 4 完成的部分。

6. 制作提把用布（内有铺棉），将提把用布接合于提把接合处。

7. 缝制皮绳，并制作猫头鹰（猫头鹰做法请见 P.64）。完成后，将猫头鹰固定于皮绳上，缝制叶片点缀，即完成。

25 轻巧猫头鹰铅笔盒　原大纸型　C 面

准备材料

天空布	8cm×19cm	2 片	纸衬、铺棉、坯布	27cm×27 cm	各 1 片
配色布		适量	皮绳	16cm	2 根
方格布（底布）	6cm×23cm	1 片	猫头鹰用布（中型款 2 只）		适量
滚边条	4cm×37cm	2 片	叶子		适量
里布	27cm×27cm	1 片	拉链	20cm	1 条

HOW TO MAKE

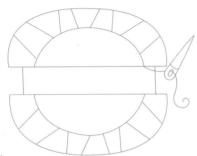

1. 依序拼接配色布＋天空布＋方格布（底布）＋天空布＋配色布成一长条，完成后进行三合一压线。

2. 依纸型拼接制作里布。

返口 5cm

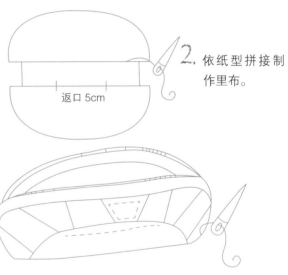

4. 从返口处车缝底角，完成后，再以藏针缝缝合返口。

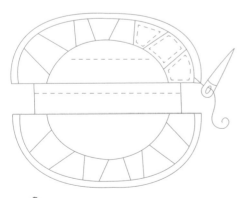

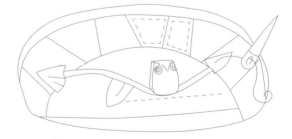

3. 将袋身表布与里布背面相对，上、下侧各自滚边。

5. 组装拉链后，再缝上皮绳与叶子。

6. 制作猫头鹰并固定于皮绳上，即完成。

（中型款猫头鹰 2 只）

26 猫头鹰六角形提袋　原大纸型　D面

准备材料

浅色主布	17cm×19cm	2 片	侧身滚边条	4cm×20cm	4 片
深色主布	17cm×17cm	4 片	袋底滚边条	4cm×70cm	1 片
侧身表布	12cm×20cm	2 片	纸衬、铺棉、坯布	30cm×65cm	各 1 片
贴布缝布		适量	皮绳	10cm	2 根
袋底表布	12cm×24cm	1 片	猫头鹰用布		适量
里布（作品 27 通用）	33cm	1 片	提把		1 组
袋口滚边条	4cm×22cm	2 片	8 号绣线		适量

HOW TO MAKE

1. 拼接浅色主布与深色主布（记得夹车皮绳），制作贴布缝，完成后进行三合一压线。制作轮廓绣与钉线绣，完成前、后片表布。

2. 于前、后表布背面分别叠合内里并疏缝固定，里布距离袋口下方4.5cm，可依个人喜好制作口袋。

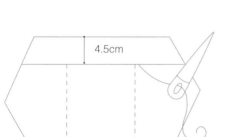

3. 裁剪侧身表布进行三合一压线，共须完成两片。

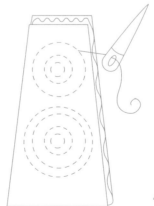

4. 将两片侧身表布分别与里布正面相对，车缝上方再翻回正面。

袋底

5. 裁剪袋底表布，进行三合一压线后，
   与里布背面相对叠合。

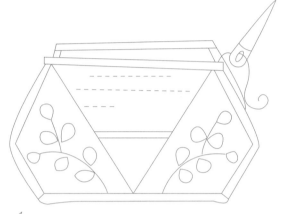

6. 组合步骤 2、步骤 4 完成的部分，将侧身
   缝份滚边后，袋口同样以滚边处理。

7. 组合步骤 5、步骤 6 完成的部分，并将整
   个袋底滚边一圈。

8. 制作两只（大、小款各一只）猫头鹰，
   缝于皮绳上。

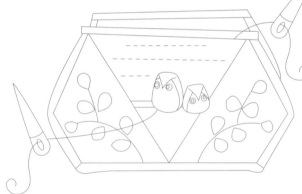

9. 将提把组装于袋口中心点左、
   右各 7cm 处，即完成。

27 猫头鹰零钱包　原大纸型　D面

准备材料

浅色主布	10cm×12cm	2片		皮绳	7cm	2根
深色主布	11cm×11cm	4片		里布（作品26通用）	33cm	1片
侧身表布	8cm×17cm	1片		纸衬、铺棉、坯布	20cm×40cm	各1片
贴布缝布		适量		拉链	15cm	1条
猫头鹰用布		适量		拉链装饰布	5cm×7cm	2片
滚边条	4cm×13cm	2片		8号绣线		适量

HOW TO MAKE

做法图解请参考 P.74 作品 03 乡村大零钱包

1. 拼接浅色主布与深色主布（记得夹车皮绳），制作贴布缝后，进行三合一压线。

2. 绣上轮廓绣与钉线绣，并与里布叠合，正面相对车缝三边，再由袋口翻回正面，于袋口处滚边，完成完整的两片袋身。

3. 裁一片侧身表布，进行三合一压线后，与一片里布正面相对叠合。

4. 车缝四周并预留一返口，由返口翻回正面，返口处以藏针缝缝合。

5. 组合步骤 2、步骤 4 完成的部分。

6. 于袋口处组装拉链，拉链头尾缝上装饰布。

7. 制作一只猫头鹰（小款），并缝于皮绳上，即完成。

28 彩绘玻璃大口金包

原大纸型　D面

准备材料

前、后片表布	23cm×42cm	2 片
彩绘玻璃用布 （作品 28、29、30 通用）		适量
袋底	17cm×28cm	1 片
穿口金布	7cm×42cm	2 片

里布 （作品 28、29、30 通用）	67cm	1 片
彩绘玻璃黑边条 （作品 28、29、30 通用）	宽 0.6cm	1 卷
纸衬、铺棉、坯布	40cm×84cm	各 1 片
铝框医生口金	25cm	1 组

HOW TO MAKE

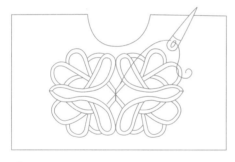

1. 于前、后片表布上制作彩绘玻璃，完成后进行三合一压线。

2. 袋底表布进行三合一压线。

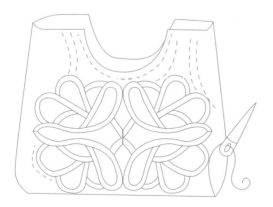

3. 组合步骤 1、步骤 2 完成的部分，成一筒状，完成表袋身。

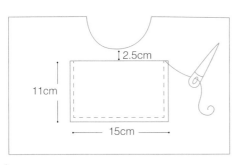

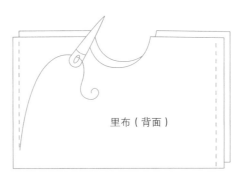

里布（背面）

4. 裁前、后片里布（缝份内缩 0.7cm），可依个
人喜好于袋口下 2.5cm 处缝制 11cm×15cm
的口袋。接合前、后片里布，并于侧身处预留
一返口。

5. 裁剪一片袋底里布。

袋底（背面）

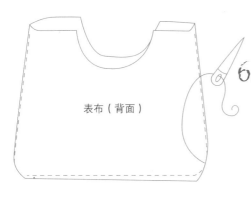

表布（背面）

6. 组合步骤 4、步骤 5 完成的部分，成一筒状，
完成里袋身。

7. 将表袋身与里袋身正面相对，袋口处夹车
穿口金布，再由返口翻回正面，返口处以
藏针缝缝合。

8. 组装口金，缝合口金中间的穿口金
布（缝合后尺寸为 5cm×40cm），
即完成。

彩绘玻璃中口金包　　原大纸型　D面

准备材料

表布	18cm×28cm	4 片
彩绘玻璃用布 （作品 28、29、30 通用）		适量
滚边条	4cm×52cm	
穿口金布	4cm×14cm	2 片
里布 （作品 28、29、30 通用）	67cm	1 片

彩绘玻璃黑边条 （作品 28、29、30 通用）	宽 0.6cm	1 卷
纸衬、铺棉、坯布	30cm×72cm	各 1 片
铝框医生口金	12cm	1 组

HOW TO MAKE

1. 于前、后片表布上制作彩绘玻璃，完成后进行三合一压线。

2. 两片侧身表布进行三合一压线。

3. 组合步骤 1、步骤 2 完成的部分，成一筒状，完成表袋身。

4. 裁剪前、后片里布各一片与两片侧身里布（缝份皆内缩 0.5cm），并组合成一筒状，完成里袋身。

5. 将步骤 4 完成的部分放入步骤 3 完成的部分中，袋口处以滚边条处理。滚边时，记得先于前、后片袋口处夹车穿口金布（折叠为宽 12cm）。

6. 组装口金，即完成。

30 彩绘玻璃小口金包

原大纸型 D面

准备材料

袋身表布	12cm×23cm	1片
侧身表布	8cm×9cm	2片
彩绘玻璃用布 （作品28、29、30通用）		适量
里布 （作品28、29、30通用）	67cm	1片

彩绘玻璃黑边条 （作品28、29、30通用）	宽0.6cm	1卷
纸衬、铺棉、坯布	20cm×23cm	各1片
仕女口金	10cm	1组

HOW TO MAKE

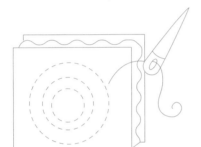

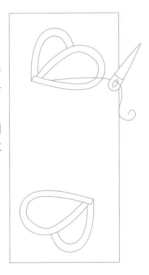

1. 于袋身表布上制作彩绘玻璃，完成后进行三合一压线。裁一片里布，与表布正面相对，车缝上下端，再翻回正面。

2. 裁剪一片侧身表布，进行三合一压线后与里布正面相对叠合，车缝上方并翻回正面，完成完整的两片侧身。

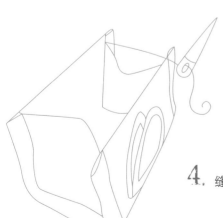

3. 组合步骤1、步骤2完成的部分，将多余的缝份以滚边条处理。

4. 缝上口金，即完成。

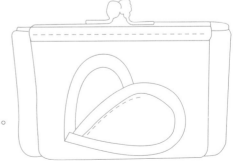

31 六角花园羽毛绣口金包

原大纸型 D 面

准备材料

六角花园用布 （含 4 片拉链两端装饰片）	54 片		里布 （作品 31、32 通用）	50cm	1 片
先染布 （作品 31、32 通用）	适量		口金用布（提把用布）4cm×29cm		2 片
侧身表布	10cm×22cm	2 片	纸衬、铺棉、坯布	42cm×50cm	各 1 片
袋底表布	10cm×34cm	1 片	半圆口金	14cm	1 组
滚边条	4cm×50cm	2 片	六角花园纸板		1 包
拉链口布	8cm×31cm	2 片	拉链		35cm
			中岛绣线		适量

HOW TO MAKE

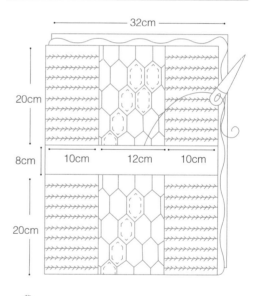

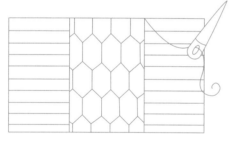

1. 拼接 25 片六角花园后，再拼接六角花园两侧的长条形，完成前片表布与后片表布。

2. 裁剪一片袋底表布，组合前片表布＋袋底＋后片表布，完成后进行三合一压线，并绣上羽毛绣。

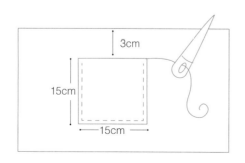

3. 裁剪一片与步骤 2 完成的部分尺寸相同的里布，可依个人喜好制作口袋（15cm×15cm，固定于袋口中心下方 3cm 处），将表袋身与里布正面相对叠合。

里布（背面）

5. 裁剪一片侧身表布，进行
三合一压线后，与里布正
面相对叠合，车缝上侧再
翻回正面，袋口压缝一道
0.5cm 的装饰线，共须完
成两片。

4. 车缝上、下侧并翻回正面，袋口
压缝一道 0.5cm 的装饰线。

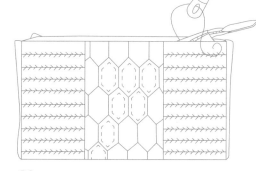

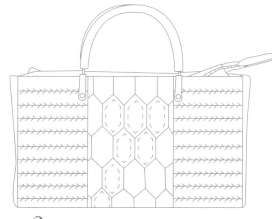

6. 组合步骤 4、步骤 5 完成
的部分，缝份处以滚边条
处理。

7. 将拉链口布折叠为 3.5cm × 29cm
两片，缝于袋口处，并于拉链两端
缝上六角花园装饰布。

9. 组装口金提把于袋口中心点左、
右各 6.5cm 处，即完成。

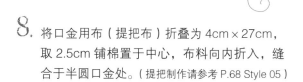

8. 将口金用布（提把布）折叠为 4cm × 27cm，
取 2.5cm 铺棉置于中心，布料向内折入，缝
合于半圆口金处。（提把制作请参考 P.68 Style 05）

32 六角花园羽毛绣小口金包　原大纸型　D面

准备材料

袋身表布 （作品 30、31 通用）	适量	纸衬、铺棉、坯布	12cm × 24cm	各 1 片
		方形口金	8cm	1 组
里布 （作品 31、32 通用）	50cm　1 片	中岛绣线		适量

 HOW TO MAKE

1. 拼接袋身表布后，进行三合一压线，再绣上羽毛绣。

2. 将袋身上下对折，车缝左、右两侧，并车缝底角左、右各 2cm。

3. 裁剪一片袋身里布（缝份内缩 0.2cm），做法同袋身表布，但须于左、右两侧其中一侧预留一返口。

6. 组装口金，即完成。

4. 将步骤 2、步骤 3 完成的部分正面相对，缝合袋口处。

5. 从返口将袋身翻回正面，返口处以藏针缝缝合。

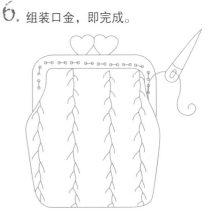

33 夏之恋口金包　原大纸型　D面

准备材料

浅色主布	16cm×18cm	2片		花配色布		适量
配色布		6色		纸衬、铺棉、坯布	30cm×85cm	各1片
袋口口布折花	8cm×137cm	1片		口金	18cm	1组
穿口金布	4cm×20cm	2片		8号绣线		适量
里布 (作品34通用)	50cm	1片				

HOW TO MAKE

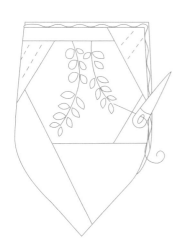

1. 于浅色主布上制作贴布缝，再组合旁边的配色布，完成前、后片表布。表布进行三合一压线后，再绣上轮廓绣装饰。

2. 拼接两片侧身，完成后进行三合一压线。

3. 组合步骤1、步骤2完成的部分，成一筒状。

表布 (背面)

4. 裁前、后片里布与侧身内里 (缝份内缩0.5cm)，可依个人喜好制作口袋。

里布 (正面)

5. 组合前、后片里布与侧身里布，成一筒状。

里布（正面）

里布（背面）

6. 将步骤 5 完成的部分放入步骤 3 完成的部分中。

7. 袋口口布折花，每一褶裥的宽度为 4.5cm，共 30 个褶。

8. 将步骤 7 完成的部分置入步骤 6 完成的部分的袋口处，并缝合。

9. 分别将两片口金布折叠为 1.5cm×18cm，并缝合。

10. 组装口金，即完成。

34 夏之恋手机袋 原大纸型　D面

准备材料

配色布	5色	适量
花配色布		适量
里布（作品33通用）	50cm	1片
纸衬、铺棉、坯布	20cm×28cm	各1片

∏字形口金	9.5cm	1组
8号绣线		适量

HOW TO MAKE

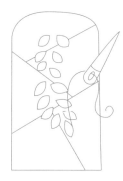

1. 以疯狂拼布技法拼接表布，再制作贴布缝。

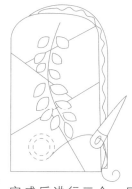

2. 完成后进行三合一压线，并绣上轮廓绣，完成前片表布。

里布（背面）

3. 裁剪一片前片里布，与表布正面相对车缝四周，并预留一返口，翻回正面，返口处以藏针缝缝合。

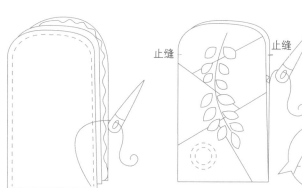

4. 后片表布制作同前片表布。

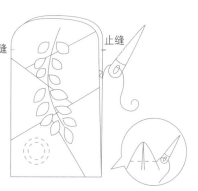

止缝　　止缝

5. 组合步骤3、步骤4完成的部分，并打底角左、右各1.2cm。

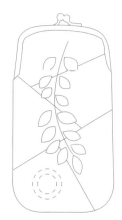

6. 组装口金，即完成。

35 百花口金包 原大纸型 D面

准备材料

前、后片表布	22cm×24cm	2片		里布	33cm	1片
侧身表布	12cm×60cm	1片		（作品36通用）		
贴布缝布		适量		纸衬、铺棉、坯布	30cm×60cm	各1片
袋口口布折花	8cm×110cm	1片		口金	18cm	1组
穿口金布	4cm×20cm	2片		8号绣线		适量

HOW TO MAKE

1. 于前、后片表布上制作贴布缝，完成后进
   行三合一压线，再制作结粒绣与轮廓绣。

2. 侧身进行三合一压线。

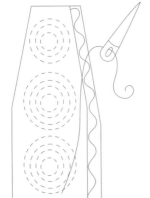

3. 组合步骤1、步骤2完成的部分，成一筒状。

表布（背面）

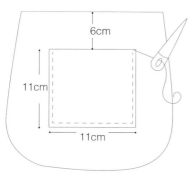

4. 制作前、后片里布（缝份内缩 0.5cm），
可依个人喜好制作口袋（11cmx11cm，
固定于袋口中心下方 6cm 处）。

里布（背面）

5. 裁剪侧身里布（缝份内缩 0.5cm），
再与前、后片里布缝合成一筒状。

6. 将步骤 5 完成的部分放入步骤 3 完
成的部分中。

7. 袋口口布折花，每一褶裥的宽
度为 4.5cm，共 24 个褶。

8. 将步骤 7 完成的部分置于
步骤 6 完成的部分的袋口
处，并缝合。

9. 分别将两片穿口金布折叠
为 1.5cm × 18cm 两片，
并缝合。

10. 组装口金，即完成。

36 百花口金零钱包 原大纸型 D面

准备材料

前、后片表布	13cm × 16cm	2 片	纸衬、铺棉、坯布	25cm × 32cm	各 1 片
侧身表布	10cm × 15cm	2 片	半圆口金	11cm	1 组
贴布缝布		适量	8 号绣线		适量
里布（作品 35 通用）	33cm	1 片			

HOW TO MAKE

1. 于前、后片表布上制作贴布缝，完成后进行三合一压线，再制作结粒绣与轮廓绣。

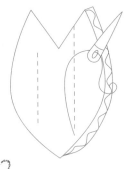

2. 侧身进行三合一压线。

3. 组合步骤 1、步骤 2 完成的部分，成一筒状。

4. 裁剪前、后片与侧身里布（缝份内缩 0.3cm），并组合成一筒状，于侧身预留一返口。

5. 将步骤 3、步骤 4 完成的部分正面相对缝合袋口处，由返口翻回正面，返口处以藏针缝缝合。

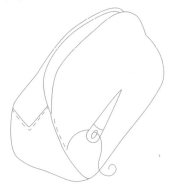

6. 组装口金，即完成。